编号：AC-91-FS-2014-22

直升机安全运行指南

《直升机安全运行指南》编写组 编

中国民航出版社

图书在版编目（CIP）数据

直升机安全运行指南/《直升机安全运行指南》编写组编 .—北京：中国民航出版社，2015.8
ISBN 978-7-5128-0279-7

Ⅰ.①直… Ⅱ.①直… Ⅲ.①直升机 – 飞行安全 – 指南 Ⅳ.① V275-62

中国版本图书馆 CIP 数据核字（2015）第 187878 号

直升机安全运行指南

《直升机安全运行指南》编写组　编

责任编辑	王迎霞	
出　　版	中国民航出版社（010）64279457	
地　　址	北京市朝阳区光熙门北里甲31号楼（100028）	
排　　版	中国民航出版社录排室	
印　　刷	北京金吉士印刷有限责任公司	
发　　行	中国民航出版社（010）64297307　64290477	
开　　本	787×1092　1/32	
印　　张	2	
字　　数	35 千字	
版 印 次	2015 年 9 月第 1 版　2015 年 9 月第 1 次印刷	
书　　号	ISBN 978-7-5128-0279-7	
定　　价	25.00 元	

官方微博：http://weibo.com/phcaac
淘宝网店：http://shop106992650.taobao.com
E-mail：phcaac@sina.com

目　录

1. 目的

随着国内经济的快速发展，直升机被广泛应用于各行业中，新兴的直升机公司层出不穷，所从事的业务纷繁复杂，不安全事件和飞行事故也在逐年增加，直升机的安全飞行面临较大挑战。

本咨询通告旨在提醒运营人和航空人员在运行时注意的安全事项，不作为规章强制要求，不取代特定机型的飞行手册或操作手册中相关的具体程序，本指南和程序仅供参考。

第4章讲述了直升机运行中的危险性，并且为如何预防提供了指南。

第5章的内容是直升机的一般运行，从起动、加油、指挥手势、载货以及夜航等方面给予安全建议。

第6章直升机的特殊运行涵盖了目前国内直升机所执行的一些特殊任务，依据规章以及飞行经验提出了一些安全建议，供运营人和航空人员参考。

2. 适用范围

本咨询通告适用于运营人和航空人员。

3. 参考资料

- 《直升机内和周围的安全》（FAA AC-91-32B）
- 《直升机动态翻滚》（FAA AC-98-87）
- 《旋翼桨叶的危险》（FAA AC-91-42D）
- 《直升机的意外右偏》（FAA AC-90-95）
- 《Helicopter Flying Handbook》（FAA-H-8083-21A）
- CCAR-91 部和 ICAO 附件 2、附件 6、附件 12
- 《山区气象特点及对飞行的影响》
- 《直升机山区飞行》

4. 直升机运行中的危险性

该部分主要针对逆时针旋转的直升机在运行中的危险性进行描述。

4.1 直升机旋翼和尾桨的危险性

4.1.1 概述

在直升机的旋翼和尾桨所造成的事故当中，受伤人员包括飞行人员、现场旁观者、乘客和工作人员。该种事故不同于其他事故，因为它对人们造成的伤害都是非常严重的，甚至是致命的，因为旋翼和尾桨在低功率、甚至慢车转速时都有充足的造成人员伤亡的力量。另外，旋翼和尾桨在旋转时不易被发现，因此非专业的公众人士经常无法意识到它们的危险性，即使熟悉旋转的旋翼和尾桨危险的专业人士也有可能忽略其危险。所以应谨记：直升机旋转的旋翼和尾桨极其危险，在操作时应保持高度警惕。

4.1.2 预防措施

1. 地面工作人员最易受到旋翼和尾桨的伤害，这些人在飞机周围工作，在工作时最易受到其伤害。建议地面工作人员做到以下几点：

1）地面人员应定期接受有关旋翼和尾桨安全知识培训，从而使相关人员在直升机周围工作时保持警惕。

2）在带轮式起落架的直升机周围工作时，应先放置轮挡。

3）直升机起动时，所有地面工作人员应站在旋翼旋转面之外。

4）起动后，挪除外部电源时应谨记保持设备以及人员远离旋翼和尾桨。

5）在挪开轮挡前，应指示飞行员保持刹车。向飞行员发出滑出或起飞信号前，应确定所有设备和人员都已远离直升机。

2. 一些旋翼和尾桨桨叶的制造商使用喷涂方案来增加桨叶的醒目性。直升机所有方应充分考虑如何使直升机保持出厂时的原始喷涂方案。如喷涂方案无法使桨叶显得醒目，则直升机所有方应考虑给桨叶重新上漆。任何喷涂应符合相关要求，且不会干扰飞行员的视觉、不会导致眩晕，不会产生桨叶不平衡的状况。

3. 机坪工作人员应熟悉并遵守引导乘客登、离机的程序。在机坪区域应考虑采取以下安全措施，防止事故发生：

1）保证乘客和未授权人员在起动、滑行、起降区域之外。

2）机坪工作人员应高度警惕未经授权人员在停机坪内活动的情况。当参观人员获得参观许可、且可在机坪活动时，工作人员应告知参观人员避开并不得触摸或挪动旋翼和尾桨。

3）直升机着陆区以及停机坪区都应做出标识，同时应设立安全隔离区以限制未经授权的人员进入。

4）确保直升机运行区域清洁，无散乱物体，防止塑料袋、空罐等外来物对人或直升机造成伤害。

5）在旋翼旋转时，应告知并引导乘客按规定路线和方法上下直升机，避免受到旋翼或尾桨的伤害。

4.2 直升机的地面共振

4.2.1 概述

直升机地面共振就是直升机在地面工作状态时发

生的旋翼—机体耦合自激振动，是针对全铰型直升机的一种潜在的具有破坏性的空气动力学现象。这种振动一旦发生，振幅在几秒钟内便可达到十分剧烈的程度，常常造成桨叶折断、轮胎破裂、机身翻倒，甚至人身伤亡等严重事故。直升机地面共振曾一度成为阻碍直升机发展的技术难关。如图 4.1、图 4.2 所示。

图 4.1 地面共振前

图 4.2 地面共振后

4.2.2 相关研究

当直升机在开车后地面工作、滑行时或悬停着陆过程中受到外界振动后，振动将传递到主旋翼系统，桨叶之间失去了正常的相位关系，破坏了平衡，桨叶重心偏离旋转中心，旋翼重心的离心激振力激起机身在起落架（或滑橇）上的振动，当起落架和旋翼的振动频率接近时，就会加剧耦合，使直升机剧烈摇摆，而系统的阻尼又不足以消耗它们相互激励的能量，就会造成直升机损毁甚至解体。如图 4.3 所示。

图 4.3 桨叶间的相位发生改变破坏了平衡

4.2.3 地面共振的改出方法

如果发生地面共振时旋翼的转速较低，正确的方法是关闭油门，总距放到底，必要时关闭发动机。

如果发生地面共振时旋翼的转速处于正常飞行范围内，正确的方法是提总距，飞离地面，等旋翼恢复正常相位后再着陆，如果未恢复正常相位就直接落地，将导致刚接地便使本不稳定的主旋翼发生更强烈的振动。如按上述方法着陆时共振仍然存在，选择不同质地的场地着陆，必要时选择悬停自转着陆。

4.3 直升机的动态翻滚

4.3.1 概述

动态翻滚所导致的直升机事故越来越多，如果驾驶员不进行立即修正，动态翻滚将使直升机损毁，并可能导致（人员的）重大伤亡。该章节旨在使直升机驾驶员和运营人了解直升机动态翻滚带来的危险，了解动态翻滚发生的原因及应采取的预防措施。

4.3.2 相关研究

一般来说，无论地面是否平整，直升机驾驶员均应娴熟操作。如果直升机在正常起飞着陆与斜坡起飞着陆的情况下均使用相同的倾斜角（直升机与水平面的夹角），或者滑橇／机轮位于地面时直升机出现漂移，那么该倾斜角或漂移会使直升机绕仍然接地的滑橇／机轮转动。当这种情况发生时，相比悬停的直升机而言，横向操纵驾驶杆的反应速度会更加缓慢，且效果较差。如果允许滚转速率继续增大，那么倾斜角将达到临界值，即使全量横向操纵驾驶杆也不能将滚转改出，直升机将发生侧翻，引起重大事故。随着滚转速率增大，仍有可能改出的角度越来越小，临界滚转角也相应减小。临界滚转角在下列情况下会进一步减小：右侧滑橇／机轮接地、左侧风、横向重心靠右、主旋翼拉力几乎等于直升机重量以及抵左脚蹬。

1. 正常起飞和着陆

如果在平整且坚硬的地面起飞和着陆，一侧滑橇／机轮位于地面，且升力约等于直升机总重，驾驶员应谨慎操纵不要发生水平位移。驾驶员应该平稳操作并注意驾驶杆配平（利用配平装置），从而保证俯仰或滚转速率不会增加，尤其是滚转率增加。如果倾斜角开始增加至约 5°~8°，同时全偏驾驶杆不能对角度进行修正时，驾驶员应减小总距以消除不稳定的滚转状态；否则倾斜角会达到临界值，将造成直升机侧翻。如图 4.4 所示。

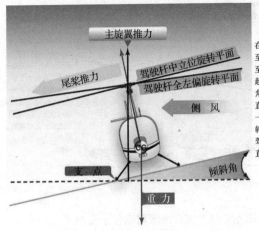

在直升机正常起飞至悬停状态,悬停至着陆状态,横坡起降,以及有倾斜角或侧偏航起飞时,直升机均有可能绕一侧接地的滑橇/机轮转动,横向全偏驾驶杆也无法改出,直升机将继续滚转。

图 4.4 直升机右滑橇／机轮接地时的各种作用力示意图

2. 斜坡起飞和着陆

在斜坡上进行起飞和着陆时,驾驶员应遵循已公布的操作程序,并注意保持较小的滚转速率。驾驶员应缓慢抬起下坡方向的滑橇／机轮,拉平直升机,然后起飞;着陆时,驾驶员应先使一侧(上坡方向的)滑橇／机轮接地,然后综合使用驾驶杆和总距,缓慢放下下坡方向的滑橇／机轮。如果直升机向上坡方向倾斜约 5°~8°,驾驶员应减小总距以修正倾斜角,并使直升机回到水平姿态,然后重新开始着陆程序。如图 4.5 所示。

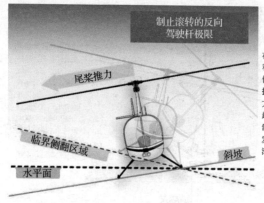

制止滚转的反向
驾驶杆极限

尾桨推力

临界侧翻区域

水平面

斜坡

在斜坡上进行起飞和着陆时，过多地使用驾驶杆和总距操纵可能导致下坡方向的滑橇抬起，超过驾驶杆横向控制极限，此时可能发生向上坡方向的滚转。

图 4.5 向上坡方向滚转动作示意图

如果直升机在斜坡上并向上坡方向滚转，修正时过快放下总距可能引起直升机快速向反方向滚转。如果（着陆时）上坡方向的滑橇 / 机轮撞地，会导致直升机上坡方向的滑橇 / 机轮弹起，并且惯性会造成直升机围绕下坡方向接地点滚转并翻转至一侧。驾驶员要避免突然增加总距使直升机离地，因为这会产生一个很大而且突然的反方向滚转力矩。这种运动可能是无法控制的。如果直升机在一侧滑橇 / 机轮在地面的情况下形成滚转速率，直升机就可能向一侧翻转。如图 4.6 所示。

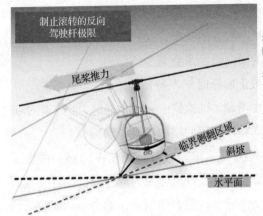

制止滚转的反向
驾驶杆极限

尾桨推力

临界侧翻区域

斜坡

水平面

在斜坡上起飞和着陆时，（不要）过多地使用总距操纵和驾驶杆。当下坡方向的滑橇位于坡面时，过多地使用总距操纵可能导致上坡方向的滑橇抬起，超过驾驶杆横向控制极限，此时可能发生向下坡方向的滚转。

图 4.6 向下坡方向滚转动作示意图

3. 其他情况

在相对较平整表面上起飞或着陆也有可能发生动态翻滚。相关资料显示，滑橇 / 机轮碰到了停机坪上的固定物体、撞进冰层或软沥青、在松软的草地或泥地起降都会发生动态翻滚；未能解开系留或滑橇安全装置也将导致动态翻滚；在起伏的船只上起降以及水上其他不稳定的漂浮装置上起降也有可能发生动态翻滚。

4.3.3 注意事项

1. 在平整且坚硬的地面上起降时，驾驶员应柔和操作，动作协调一致保证直升机垂直起降（本条适用于各种地形情况）。

2. 确保不能超过机型飞行手册中规定的斜坡起降

的坡度限制。

3. 当风从上坡方向吹来,驾驶员在进行侧风操纵时,驾驶杆可用的横向操纵量会减少。

4. 在斜坡上起降时应该避开顺风。

5. 当左侧滑橇／机轮位于上坡方向时,由于尾桨推力的影响,驾驶杆可用的横向操纵量会减少。

6. 上下人员或装卸货物时,驾驶杆的横向操纵要求将相应改变。如果直升机使用内部连通的油管实现两侧油箱的自动传输,在重力作用下,油会自动向较低的油箱流动,从而改变重心,那么同样的横向状态将需要使用不同量的驾驶杆横向操纵。

7. 驾驶员应注意不要让驾驶杆的操纵达到极限,否则会导致主轴碰撞。如果已达到驾驶杆操纵极限,那么继续下放总距将导致以上碰撞发生。发生这一情况时,驾驶员应将直升机返回至悬停状态,重新选择一个较平缓的着陆点。

8. 从斜坡上起飞时,如果上坡方向的滑橇／机轮早于下坡方向的滑橇／机轮离开地面,驾驶员应平稳地放下总距并检查下坡方向的滑橇／机轮是否挂住了障碍物。在这些情况下,垂直上升是唯一可行的起飞方法。

4.3.4 动态翻滚的改出方法

当直升机形成向一侧滚转的趋势后而且倾斜角没有超过临界值,飞行员应缓慢、柔和下放总距靠直升机自身重力克服滚转趋势。

注意: 一旦倾斜角超过临界值,将无法改出滚转,直升机将侧翻。

4.4 直升机的丧失尾桨效应(LTE)

4.4.1 概述

丧失尾桨效应(Loss of Tail Rotor Effectiveness,LTE),是近年来造成直升机失控事故的一个重要原因,是多起民用直升机事故的诱发因素。不当或较迟的修正动作会加剧偏转,可能会导致直升机无法控制,因此应引起高度重视。这种危险发生在最后进近着陆或贴近地面飞行时的低高度、低空速飞行状态下。本章节旨在解读直升机丧失尾桨效应(LTE)的现象、在何种情况下直升机可能出现丧失尾桨效应(LTE)、如何避免、如何应对。

4.4.2 相关研究

1. 原理

主旋翼旋转产生的扭矩造成直升机机身向相反方向旋转,尾桨即反扭矩系统提供的推力抵消该扭矩,并在直升机悬停时提供方向控制。如果尾桨产生的推力比抵消主旋翼扭矩所需的推力要大,直升机将会偏航或围绕垂直轴向旋翼旋转方向转动;如果尾桨推力较小,则反之。通过改变尾桨产生的推力,驾驶员控制直升机在悬停和低速飞行时的方向。驾驶员的操作、旋翼旋转时产生的翼尖涡流以及风都会对尾桨推力产生影响,甚至会使尾桨丧失效应,最终造成直升机发生没有预期的偏转。丧失尾桨效应(LTE)只会发生在单旋翼带尾桨的直升机上,直升机按旋翼旋转方向分为两种:旋翼顺时针(从上面看)旋转直升机和逆时针旋转直升机,下面主要以旋翼逆时针旋转的直升机为例作原理分析。

2. 导致直升机丧失尾桨效应(LTE)的原因

直升机制造商进行了大量的飞行测试和风洞试验,通过这些测试确定了三个相对风方位区域,以及由此产生的直升机特性,它们可能单独或组合性地形成一种丧失尾桨效应(LTE)诱导环境,这种环境会对直升机的控制构成负面影响。这些测试的一个直接结果是,低速飞行状态下的飞行运行会极大提高飞行员的工作负荷。尽管每个区域都确定了特定的风方位,但飞行员应了解,方位的变化取决于周围环境条件,这些区域会相互重叠,在这些重叠区域,会发生最显著的推力变化。这些特性仅在空速低于30节时出现,且适用于所有单旋翼带尾桨直升机,飞行测试数据证实,在此过程中尾桨并未失速。

航空器特点与相对风方位区域包括:

1)主旋翼桨盘涡流干扰区(285°~315°),如图4.7所示。

图 4.7 主旋翼桨盘漩涡干扰

从左前方吹入的速度为 10 至 30 节的风会将主旋翼桨盘涡流吹入尾桨,该主旋翼桨盘涡流会造成尾桨在极端颠簸的环境下工作。在右转过程中,当尾桨进入主旋翼桨盘漩涡区域时,会增大尾桨桨叶迎角(增加推力),迎角增大要求飞行员增加右脚蹬量(减少推力),以保持相同的偏转速率。当主旋翼漩涡通过尾桨时,尾桨迎角会减小,迎角的减小造成推力减小,右转开始加速,这种加速会很意外,因为飞行员之前在增加右脚蹬量以保持右转速率。推力减小会突然发生,如果不加以修正,会发展成为不可控的绕轴快速旋转,最终导致尾桨失去效应。在该区域内运行时,飞行员必须了解尾桨推力可能突然减小,做好准备迅速反应,使用额外的左脚蹬量抵消这种减小。

2）风标稳定性（120°~240°），如图4.8所示。

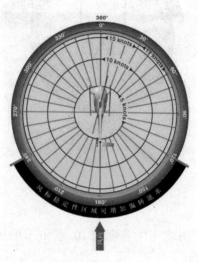

图4.8 风标稳定性

在这个区域直升机会试图将机头朝向相对风，除非使用脚蹬修正偏转，否则直升机会缓慢地非指令右转或左转，具体转弯方向取决于风向，如果驾驶员允许直升机形成右偏速率，直升机尾部进入这个区域，转弯角速度会迅速增大，可能会导致丧失尾桨效应（LTE）。为避免顺风条件下出现丧失尾桨效应（LTE），驾驶员应集中注意力操纵直升机，保持对转弯速率的主动及时控制。

3）尾桨涡环状态（210°~330°），如图4.9所示。

16

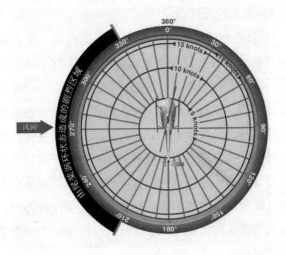

图 4.9 尾桨涡环状态

　　该区域内的风会形成尾桨涡环环境，从而导致不均匀、不稳定的气流进入尾桨。涡环状态造成尾桨推力发生变化，从而造成偏航。不稳定气流的网状效应造成尾桨推力发生振荡。在左侧风中悬停时，驾驶员必须进行快速持续的方向修正来补偿尾桨推力的变化。如果修正偏差过慢，修正量过大，注意力不集中，会导致丧失尾桨效应（LTE）。

　　在左侧风悬停时，不要形成不受控右转，如果允许继续右转，直升机会进入风标稳定区，右转速率增加从而导致丧失尾桨效应（LTE）。

4）丧失过渡升力。

处于最大功率或接近最大功率运行时，这种特征最为显著。这种特征与丧失尾桨效应（LTE）相关有两个原因：首先，如果飞行员的注意力由于右偏速率的增加而被转移，飞行员可能无法识别相对逆风正在丧失，因而过渡升力也被降低；其次，如果飞行员在进行顺风右转时未保持空速，直升机的右偏速率会随着功率需求的增大而加速，并且直升机会形成一种下沉速率。飞行员对风向和风速注意不够会导致意外丧失过渡升力。处于最大功率或接近最大功率运行时，增加的功率需求会造成旋翼转速下降。

4.4.3 预防措施

为减少丧失尾桨效应（LTE）的发生，飞行员应该做好以下几点：

1. 确保尾桨装配符合维修手册。

2. 保持最大旋翼转速，如果主旋翼转速降低，可用的反扭矩推力也成比例下降。

3. 当在悬停和 30 节速度之间机动时：

1）避开顺风。如果丧失过渡升力，将会导致功率需求和额外反扭矩需求增大。

2）避免脱离地面效应（OGE）的悬停以及高功率需求情况，如低速顺风转弯。

3）当在 8 至 12 节的风中（尤其是脱离地面效应

（OGE））悬停时，特别注意风向和风速，因为没有明显指示可以使飞行员看到过渡升力降低。丧失过渡升力会造成功率需求突然增加，以及反扭矩需求增加。

4）应注意，如果正在保持相当大的左脚蹬量，可能就没有足够的左脚蹬量来抵消意外右偏。

5）在直升机沿着山脉线和建筑物周围飞行时，要监控直升机功率，警惕直升机状态和风况的变化。

4.4.4 丧失尾桨效应（LTE）的改出方法

如果意外右偏突然发生，应该左脚蹬踩到底，同时向前推驾驶杆，增加速度，如果高度允许，减小功率来减少主旋翼的扭矩。有效改出后，调整操纵，正常向前飞行。减小总桨距有助于抑制偏转率，但可能造成下降率增加，总桨距减小的数量应根据直升机距离障碍物或地面的高度、直升机总重量，以及当前大气条件进行。如果不能停止旋转，并且即将撞地，应立即进入自转。

4.5 直升机的涡环状态

4.5.1 概述

涡环是直升机有功率下降时一种危及飞行安全的危险状态，此时增加直升机功率也不能制止下沉，如操作不当，它会导致直升机抖动、摇晃，严重时操纵失控，在颠簸中无法控制地下降坠地失事，在我国也发生过多起这类事故。因而涡环状态的判定并及时的改出是飞行员保证安全所必须了解的知识。

4.5.2 涡环的相关研究

当直升机在静止空气中悬停时，大量气流从主旋翼向下流过，桨叶尖部的一部分气体从旋翼下方向上卷起，又重新进入循环，这就是我们熟知的桨尖涡环。桨尖涡环消耗直升机的功率但不产生升力。如图4.10所示。

图 4.10 桨尖涡环

相对气流的方向可由桨叶旋转速度和诱导气流来确定，由于外洗作用，在桨尖附近二者均达到其最大值，翼根处具有最大迎角。在下降的过程中，由于下沉气流相对减少，导致桨尖涡环增大，将浪费一部分功率。而且当下降率增加到一定程度时，将产生与诱导气流方向相反的气流，使沿桨叶的气流分布发生改变，导致涡流区增大。如果下降率进一步增加，桨叶根部达到失速迎角，桨尖涡环急剧增大，旋翼的拉力变小，若旋翼的拉力小到不能维持飞机的重量，下降率将快速增加。结果就是飞机处于极不稳定的涡流中，机身和驾驶杆抖动，左右滚转伴随着俯仰，飞行员很难操纵。如图4.11所示。

图 4.11 飞机处于极不稳定的涡流中

从多种飞行状态均可进入涡环，但导致涡环的流场状态是相同的，涡环只能在下述所有条件具备时才会发生：

1. 大下降率（至少 300 英尺/分，根据机型、重量的不同，达到涡环状态时下降率也不同）。

2. 带动力飞行（20% ~100% 功率）。

3. 小的前飞速度（小于过渡速度）。

4.5.3 如何预防进入涡环状态

1. 在有动力飞行时，操纵直升机做垂直下降或小速度下降时，为防止进入涡环状态，下放总距不要过多，以保持较小的下降率。

2. 在载重量大，海拔高度高或气温高的情况下，剩余功率小，不宜做垂直上升或勉强在较高的海拔高度上悬停。

3. 在地形复杂，高度较低且重量较重的情况下，没有特殊需要不要做垂直下降。

4. 在做快停或恢复功率自转时，要警觉进入涡环状态。

4.5.4 涡环状态的改出

在完全发展的涡环状态下，一部分飞行员第一反应是提总距来减小下降率，然而这样只会使情况更加恶化，下降率增加。正确的方法是稍稍下放总距，向前推杆来获得空速脱离涡环区。情况严重时因为驾驶杆很难操纵，从涡环中改出的方法是先下放总距进入自转，摆脱涡环，当驾驶杆可操纵后，再向前推杆获得空速。

5. 直升机的一般运行

5.1 直升机的起动

直升机在起动时会产生较强的下洗气流，而且转动的旋翼和尾桨会对周边的人员产生安全威胁，因此直升机起动阶段需要注意以下几点：

1. 起动应遵守飞行手册规定的程序和限制。

2. 直升机起动前，最好迎风停放，按需放置轮挡，并确保解除旋翼系留，发动机进气道、尾喷管等所有堵盖。

3. 直升机起动前，机组人员应确保直升机周围区域内没有任何散落的工具、杂物或其他可能被下洗气流吹起的物体。

4. 在起动过程中，机外任何人员都不应处于旋翼旋转面下，并且远离尾桨。

5. 起动过程中，建议有一名经过培训的人员在外部监视直升机的起动，确保直升机起动一切正常以及发生不正常情况时能作出相应处置。

6. 监视人员的站位，应背风站立，面向直升机，不能脱离飞行员的视线。

7. 监视人员和机组人员都应熟练掌握直升机手势信号。如有可能，监视人员应配备无线电耳机，保证监视人员和机组人员的交流畅通。

5.2 直升机的加油程序

5.2.1 正常加油程序

在加油时，直升机存在潜在的危险，机组及地面加油人员须确保遵守下列安全程序，除此之外，还应参考直升机飞行手册和直升机制造商制定的适用于某一特定直升机的加油程序。

1. 加油人员应了解正确的燃油加注程序以及必要的消防知识。

2. 不直接参与加油操作的人应远离加油区域。

3. 在整个加油操作期间，直升机内及周围禁止吸烟，加油人员不应穿着鞋底带钉子的鞋，身上不应携带手机、打火机、火柴以及其他任何类型的点火装置。

4. 接地线必须正确连接以防静电引起失火。

5. 附近严禁烟火，除与加油有关的防爆电源外，不得使用其他无关的电源开关、加温器等。

6. 保持油枪、油管整洁，油枪口在不加油时要套好。

7. 不得在雷电暴雨天气时加油，建议不要在雨天进行重力加油。

8. 如有燃油溢出，必须停止加油，并妥善清理。

5.2.2 乘客登机、离机和在机上时加油

依据 CCAR-91 部 91.195 条规定：不得在乘客登机、

离机和在机上时或旋翼正在转动时为直升机加油，除非机长或有资格的人员在场，随时可以起动和组织人员以最实用和快捷的方法撤离直升机；如果在乘客登机、离机和在机上时加油，则应使用直升机的内话系统或其他适当的方法，保持监督加油的地面机组人员与机长或要求的其他合格人员之间的双向通信。乘客登机、离机和在机上时加油，除5.2.1所述程序以外还应注意下列安全事项，不关车时的加油还应遵守5.2.3的要求：

1. 应通知航调、机场消防人员或现场负责人，并保持监督加油的地面人员与机长之间的双向通信。

2. 应通知乘客加油完毕后再系安全带。

3. 应通知乘客不许吸烟，不许使用可产生火花的任何用品，"禁止吸烟"指示灯接通。

4. 应打开加油对侧的舱门并安排人员守在此舱门外，如意外发生，可协助乘客迅速撤离。

5. 油车或加油设备与直升机的相关位置要选择好，在发生意外时不会阻碍人员的迅速撤离。

6. 如果在客舱里有燃油挥发气味，或任何其他危险出现，加油应立刻停止。

5.2.3 不关车加油

通常情况下，加油操作应在直升机旋翼停止转动时进行。但由受过适当培训的人员在严格控制的条件下，涡轴动力直升机能够安全地实现不关车加油。加注航空汽油的活塞式发动机直升机,绝不允许进行不关车加油,因为汽油是高度易燃的。进行不关车加油时除 5.2.1 所述事项外,还应注意下列安全须知:

1. 只有具有涡轴发动机的直升机,并且加注航空煤油时才能进行不关车加油。

2. 飞行员必须在整个加油过程中处于驾驶舱内。

3. 只有指定的受过不关车加油操作培训的人员才可以操作加油设备。

4. 如果在加油期间乘客仍在直升机上,则至少应有一名接受过紧急疏散程序培训的人(机长除外)在场,并遵守 5.2.2 的要求。

5.3 直升机的指挥手势

由于直升机高噪音的特点,某些情况下可能无法实现语音交流。因此,使用标准的手势信号极为重要。表 5-1 是常用的手势信号:

表 5-1 直升机常用指挥手势信号

信号说明	信号含义	信号
双臂重复向上向后的动作	向前移动	

信号说明	信号含义	信号
双臂置于胸前，向前旋转的动作	向后移动	
双臂水平外伸，掌心朝上，向上招手，双臂移动速度表示上升率大小	向上移动（上升高度）	
双臂水平外伸，掌心朝下，向下招手，双臂移动速度表示下降率大小	向下移动（下降高度）	
一臂水平指向右侧，另一臂反复向所指方向挥动，示意直升机应向左移动（转向）	向左移动（转向）	
一臂水平指向左侧，另一臂反复向所指方向挥动，示意直升机应向右移动（转向）	向右移动（转向）	

信号说明	信号含义	信号
双臂在身体下侧交叉	着陆	
双臂两侧向下 45° 伸展	保持位置等待	
双臂向两侧 90° 伸开	悬停	
右臂举于头上水平画圈，同时左手指向发动机	起动发动机	
右臂与肩同平，由左肩穿过咽喉划向右肩，同时左手指向发动机	关闭发动机	
急速伸开双臂，举至头部上方，交叉挥动双臂	紧急停住	

5.4 直升机乘客登、离机

乘客登机前，地面保障人员或机组人员应确保所有乘客都熟知如下登、离机安全注意事项，并在专人监视下完成登、离机：

1. 远离直升机尾部。

2. 从侧方或前方接近或离开直升机，但不能离开飞行员的视线，到达主旋翼之前及在主旋翼下行走时应采取弯腰俯身姿势。如图5.1所示。

图 5.1 乘客行走姿势

3. 扶稳帽子和其他不牢固的物件。

4. 不要举起手去抓或追赶被风吹走的帽子或其他物件。

5. 当乘客携带物品或工具时，应以水平方式持拿工具，工具高度应低于腰部（不能将工具立起或使其高度过肩）。如图5.2所示。

图 5.2 乘客持拿工具的方式

6. 用一只手遮住眼睛或眯起眼睛，以保护眼睛。

7. 如果被沙尘或刮起的东西迷了眼睛，停下来坐在地上等待帮助。

8. 登机和离机路线听从机组人员或地面人员的指挥。

9. 熟悉所乘机型安全带和肩带的使用。

10. 熟悉灭火器的使用。

11. 如果是高架直升机平台（如屋顶）或直升机甲板，在机长发出登机信号或离机信号前，不要靠近平台或自行离机。

12. 如果起飞点或着陆点位于山上或有坡度的地面上，为避免旋翼与地面之间最低的区域，乘客应在下坡一侧但不能从尾部接近或离开直升机。如图 5.3 所示。

图 5.3 乘客在山上或有坡度的地面接近或离开直升机

5.5 直升机的临时任务飞行

直升机的应用越来越广泛，其中一些业务具有临时性、紧急性，如搜寻与救援、航空护林灭火等。由于临时业务的特点造成的飞行路线非固定、着陆区域非固定以及无正规渠道取得作业区域以及飞行路线天气信息等诸多因素，对直升机作业时的安全构成了一定威胁，因此建议机组在接受临时任务时应遵守以下注意事项。

5.5.1 飞行前准备

1. 飞行区域考察

1）在条件允许的情况下，机组人员应事先到目的地区域进行实地考察，查看目的地周边障碍物（如山、高压线、桅状物、建筑物等）情况以及净空条件是否能满足直升机起降要求。

2）特别注意起降点地面情况，起降点区域大小是否满足直升机起降的尺寸要求，查看场地的坚硬度、平整度等。确保起降区域没有易吹起的浮雪、扬尘以及其他可吹起物。

3）如果不能到目的地区域实地考察，机组人员应通过地图、照片以及卫星图片等来了解起降区域的情况及障碍物情况等。

4）确定降落场地的海拔高度、温度以及航线的最低安全高度以满足直升机手册的性能要求。

5）收集到上述信息后，机组要对执行的任务及目的地情况进行预先安全评估,确定该次任务是否可执行。

2. 了解相关气象信息

1）执行任务前需要相关气象部门提供航路和起降区域的相关气象信息。

2）如条件允许，执行任务前派遣专业的气象人员或有经验的人员到现场去观测天气并报告给机组。

3）如上述两条无法实施，机组应借助网络资源或其他可行方法，尽量得到航线和起降区域的天气情况。

4）除了解基本的天气信息外，机组要特别注意起降区域是否可能出现涡流、风切变、雷暴、积冰等影响安全的危险天气。

5.5.2 飞行作业实施

1. 作业实施过程中，建议派有经验的人员到起降区域进行现场指挥。

2. 地面人员做好地面安保工作，确保直升机起降时无关人员不得进出该区域。

3. 由于临时起降区域没有导航设备以及飞行路线的临时性，机组通常采用地标罗盘和卫星导航相结合的方法实施作业，通常需保持目视飞行。在按目视飞行规则飞行时，一旦不能保持目视或起降区域天气低于目视气象条件，应立即报告并返航或备降。

4. 对于没有实地考察的起降区域，到达后机组应低空盘旋侦查起降区域场地状况和净空条件是否可以安全降落。当机组认为在该区域起降危及到安全时，应另选场地或取消该次任务。

5. 在起降区域，乘客应在机组人员或地面人员的引导下登、离机，并参考本咨询通告 5.4 中的注意事项。

5.5.3 直升机非机场区域停放

选择直升机野外起降区域参考 5.5.1 中飞行区域考察的建议。在起降区域需要临时停放或直升机不能返回基地需在野外停放过夜时，机组需注意以下几点：

1. 尽可能选择杂物灰尘较少，坚硬平整的地面停放。

2. 停放完成后，将起降区域清理干净，确保场地内没有可吹起物。

3. 做好安保警戒工作，确保无关人员不得进入起降区域。

4. 固定好直升机，系留好旋翼，如需在起降区域过夜，应盖好进气道、尾喷管堵盖以及做到手册中要求的野外停放直升机必须做好的防护措施。

5. 依据起降区域作业期间可能出现的季节性天气做好特殊的防护准备，如雷雨、大风、霜冻、降雪、冰雹等恶劣天气。有关内容请参考咨询通告《航空器驾驶员低温冰雪运行指南》（AC-91-FS-2013-18）。

5.6 直升机的夜航目视飞行

由于直升机作业具有飞行高度低、作业环境复杂等特点，直升机的夜航更加依赖于良好的外部环境条件。在一个明亮的夜晚，并且能见度良好，地面参照光线充足，无风时跟白天飞行并没有太大的区别；但如果在一个昏暗的夜晚，飞行在人烟稀少的地区，地面参照光线较少或根本没有，则情况完全不同。直升机出现特殊情况需要立即着陆时，选择也相对较少，相对昼间飞行，更难确定风向、风速和选择适当的着陆点。夜间飞行，更加依赖飞机设备，夜航训练也是至关重要的，建议具有一定昼间飞行经历后进入夜间飞行。

5.6.1 灯光对直升机夜航影响

1. 低能见度和低云是严重影响直升机夜航安全运行的因素。除此之外，地面灯光情况对安全也有直接的影响。即使在能见度好和云底高很高的夜间，一些灰暗或低对比度的低空障碍物或山峰也很难被观察到，能否看清这些障碍物和山峰取决于自然或人工的灯光、地表或物体表面的反光程度和对比度，为了能够安全进行作业，在计划和实施夜航飞行时要重点考虑以上情况。

2. 驾驶舱灯光的合理利用也是保持机组人员夜视能力的重要因素。如果一个特定的光线太亮，导致反射或挡风玻璃眩光，应该予以调整或关闭。当外界光线变暗，驾驶舱灯光强度也要随之降低。驾驶舱灯光应调整到尽可能接近环境光水平。

3. 使用具有红色或蓝绿色灯光的手电筒或地图灯作为补充光，但要注意航图中相近颜色标志的漏读。在使用检查单时也应该用低强度的光进行照明。

4. 随身携带一个充满电的手电筒以防驾驶舱内部灯光完全故障时作为备用照明。

5. 在使用外部灯光对驾驶员视觉造成干扰时，可以关闭相应外部灯光。

5.6.2 夜视能力

1. 饮食习惯和身体健康状况对夜视能力都有影响。缺乏维生素 A 和 C 被证实能够降低夜视能力。吸烟、饮酒和某些药物会大大降低夜视能力。因此机组人员应养成良好的生活习惯，增强体质，保证夜视能力。另外由于眼睛相比人体其他部位单位重量所需的氧气更多，缺氧会导致夜视能力下降，在空中飞行时也应格外注意机组的缺氧状况和氧气的供应。

2. 由于夜间眼球视网膜中心有盲点，夜航时需要用侧视方法观察物体。观察一个物体时，避免太长时间注视，如果长时间注视一个物体，视网膜便开始习惯物体的光强度，物体图像开始消退。眼球做小范围划圈运动可以帮助消除这种影响并保持物体清晰可见。此外，相比昼间，扫视时目光转移要慢一点，防止看不清物体。

3. 人眼能很快适应强光环境，但从强光环境过渡到黑暗环境，人眼通常需要30分钟才能获得良好的夜视能力，所以建议机组在执行夜航飞行任务前30分钟应尽量避免接触强光，夜航时驾驶舱也应使用低亮度灯光进行照明，飞行过程中如遇到强光照射，可以闭上一只眼以保持夜视能力，但应注意保持飞行要素。

5.6.3 直升机夜航过程中需注意的事项

1. 直升机飞行前检查是影响飞行安全的重要一环，必须在符合相关飞行手册的前提下进行。应该尽早安排飞行前检查，最好在昼间进行，给维修工作预留出时间，如果只能在夜间进行，需要用手电筒等具有白光的设备补充照明。用蓝色或红色的灯光很难检查到燃油或液压油水平面或泄漏。检查挡风玻璃清洁且无划痕。小的划痕在昼间可能没影响，但夜间飞行时可能影响很大。起动发动机之前，确保所需相关设备和辅助工具良好，如图表、记事本，手电筒等。

2. 起动发动机时，要格外谨慎，尤其是在黑暗地区或外部灯光微弱的地方。起动前对外界进行语音提示并且打开防撞灯和航行灯。如果条件允许，可以短暂地打开着陆灯来警告地面人员。

3. 在直升机的滑行过程中，由于着陆灯通常投下一束窄和集中的光束，所以对于侧方的照明很少。因此，夜间滑行应缓慢，特别是在拥挤的停机位附近。当在一个不熟悉的机场或场地时，为避免滑入有障碍物的区域，有必要时请求管制部门或地面人员引导。如有其他外部照明灯光，参考飞行手册合理使用。

4. 起飞前，确保有一个净空的起飞路径，在非机场区域起飞时就要对周围环境特别注意。在没有灯光的区域起飞，很难看清周围的障碍物。起飞路径选定后，应该使用着陆灯等灯光设备判断和规避起飞路径上的障碍物，充分利用机载设备来保持好飞行各要素。

5. 起飞后的 500 英尺高度是最关键的时期，从相对明亮的机场过渡到完全黑暗，夜间起飞通常应采取"高度优于速度"策略，来确保直升机更快的爬升，脱离地面障碍物。

6. 起飞过程中为补偿外部参考缺乏的问题，使用可用的飞行仪表作为辅助，检查高度表、空速表、升降速度表和地平仪，确保爬升姿态正确。

7. 巡航时，为了获得更高的安全余度，建议巡航高度略高于平时的选择。有三个原因：首先，更高的高度保证与障碍物间有更大的空间，尤其是那些夜间很难看到的障碍物，如高压电线和未被照亮的杆塔；第二，在发动机故障时，有更多的时间来建立着陆，更大的滑翔距离也保证着陆时有更多的选择；第三，提高无线电接收距离，特别是如果使用无线电导航时。

8. 在做飞行计划时，建议飞行路径通过有灯光的区域，如城镇或高速公路，这样在出现特情时有更多的选择，导航也更容易。

9. 飞行过程中，地表反光性差的障碍物，如电线和小树枝，很难被看到。定位线缆的最佳方法是通过寻找线缆的支持结构，如线缆杆塔，在低高度飞行时确保从线缆的支持结构上方通过。夜航前，机组人员也应查阅记录有关线缆位置的最新航图或地图。

10. 当夜间迫降时，跟昼间程序一样，并且在近地阶段尽量开启着陆灯以避开迫降路径附近的障碍物。

11. 飞行员夜航进近着陆时，相比昼间，有下滑线偏低的倾向，这是潜在的危险，因为有更大的几率撞到低空障碍物，如电线或栅栏。一种很好的做法是夜航时使下划线偏高一点来躲避障碍物，时刻监视高度和下降率。另外，夜航时，飞行员也倾向于过多地关注降落区域而忽视速度，如果丢失了太多的速度，可能导致进入涡环状态，所以进近着陆时应注意监控并保持好飞行要素。

5.7 直升机载货飞行

直升机载货飞行要考虑地板表面强度，控制货物总重量，合理摆放并固定好货物，从而使直升机的重心处于适当的范围之内，这样既有利于飞行员操纵，又能在飞行过程中保持基本的平衡状态。

在直升机滑行或起飞前，机长须确保客舱内行李和货物已固定好，机长对行李和货物的装载安全负责，装载应按照机长的指示或在其监视下进行。机长应当确保货物装载符合下列要求：

1. 所有的行李、货物固定牢固。

2. 货物重量不超过地板结构的载荷限制。

3. 货物位置不妨碍正常和应急出口。

4. 货物位置不影响驾驶员对客、货舱的灭火。

危险品的运输参照《中国民用航空危险品运输管理规定》（CCAR–276 部）。

6. 直升机特殊飞行

6.1 直升机外载荷飞行

6.1.1 概述

依据 CCAR–91 部 N 章第 91.1209 条的规定，直升机和载荷组合级别可分为 A、B、C、D 四级。

1. A 级直升机与载荷组合：外部载荷物不能被自由移动和投放，并且不能低于起落架而触地，如空中摄影、电磁勘探等。

2. B 级直升机与载荷组合：外部载荷物可以被投放，在直升机作业飞行期间载荷物可以从地面或水面被自由提起，如航空护林、吊桶灭火等。

3. C 级直升机与载荷组合：外部载荷物可以被投放，在直升机作业飞行期间外部载荷物与地面或水面保持接触，如吊装线塔、吊运架线等。

4. D 级直升机与载荷组合：局方特别批准的不属于 A、B、C 任何一级的组合，如使用绞车实施应急救援、索降等。

6.1.2 飞行作业特点

直升机外载荷飞行不同于正常的载客、载货飞行，其作业环境、参加作业人员、所要求的直升机性能、出现不正常情况的概率以及其他不确定因素决定了外载荷飞行具有以下特点：

1. 作业环境复杂。外载荷飞行作业环境相对较复杂，作业区域多出现在人口稠密上空、水面上空、高原山区、丛林区、戈壁沙漠等，这些区域环境、天气各有不同，实施作业时请参照本咨询通告 5.5 中的建议。

2. 参与作业人员较多。外载荷飞行除飞行人员外，根据任务性质不同还包括地面指挥、空中观察、设备控制、救生人员等。参与作业人员较多，机组与作业人员之间的协同配合显得尤为重要。

3. 对直升机性能要求较高。依据其作业环境、任务性质选择符合该任务的直升机实施外载荷飞行，作业时机组应充分考虑到机型升限、单发性能以及区域天气变化对直升机性能的影响等。

4. 发生不正常情况概率增加。外载荷飞行时除考虑直升机本身特情外，还要考虑外载荷设备出现不正常情况以及直升机发生特情时作业人员之间的配合。另外，机组还应考虑区域环境、天气变化等以及作业期间一些不确定因素对飞行安全的影响。

6.1.3 外载荷飞行注意事项

实施外载荷飞行除满足 CCAR–91 部 N 章的要求外，根据其飞行特点，建议机组需注意以下事项：

1. 在满足规章要求和保证安全的前提下，尽量少携带燃油，尽可能拆除与本次任务无关的设备，减轻直升机作业时的重量，以获得较大的剩余功率。

2. 计算直升机的无地效悬停（OGE）以及单发悬停性能（如适用），实施作业时确保满足性能要求。

3. 根据外载荷种类和所挂货物重量重新计算直升机重心，并确保重心不能超限。

4. 实施作业前做好协调非常重要，协调作业的整个过程，甚至到每个细节，例如：谁挂钩、脱钩等。协调的内容还要包括一旦直升机出现特情或设备出现不正常情况，参与作业人员之间的协同配合。确保每个参与作业的人员非常清楚作业的全过程。

5. 由于外载荷飞行高度较低，除做好机组间的协同配合、分工明确外，还要充分利用机载设备，保持合适的作业高度，防止作业期间刮碰障碍物。建议作业前将无线电高度表（如安装此设备）设置到一个高度（货物高度＋钢索长度＋高度余度），飞行中一旦低于此高度，就会有相应的告警提醒飞行员。

6. 作业时参与作业人员之间最好是通过无线电建立有效的联系，如不能满足也可使用手势进行，但对于精度较高、难度较大的外载荷作业，参与作业人员之间必须要有无线电联系，一旦无线电联系故障建议终止此次任务。手势信号可以参考本咨询通告 5.3 中的要求，其中没有提到的手势信号而作业时又需要用到的，需要机组协调时临时定义。同时，作业人员还应协调直升机和外载荷设备在出现特情时的手势信号，确保每个人员都能清楚这些手势信号。

7. 对于 B 类外载荷飞行，作业中可能因飞行员操作不当或外界因素的影响造成所挂货物的摆动，了解造成摆动的因素并掌握修正方法非常重要：

1）根据任务需要尽可能使用适当长度的钢索可减少摆动。

2）作业时确保飞行手册中规定的外载荷飞行速度不被超过。

3）转弯过程中尽量不要侧滑飞行。

4）一旦所挂载荷摆动，可以通过适当减速来减少摆动，还可以采用上升、下降的方法减少摆动。

5）一旦摆幅加大且摆动无法制止，影响到飞行操作乃至安全，选择合适时机抛掉载荷。

8.作业期间还要考虑一些不确定因素带来的影响。如：在山区坡面上实施作业时，考虑到下降气流或乱流的影响。

9.因作业环境复杂，作业区域常在高原山区、丛林戈壁，参与作业人员做好个人防护措施至关重要。根据作业区域配备好氧气设备、护目镜、有毒蚊虫防护服等个人设备，防止作业期间个人受到伤害失能而影响飞行安全。

10.外载荷作业期间，因载荷物与空气摩擦会产生较强静电，地面作业人员需做好防静电措施。

6.2 山区飞行

6.2.1 影响直升机山区飞行的主要因素

影响直升机在山区飞行的因素，总的来说主要有飞行高度、山区地形、山区气流和气象条件。

1. 飞行高度

飞行高度对直升机山区飞行的影响主要表现在以下几个方面：

1）随着飞行高度的升高，空气密度逐渐减小，大气压力也随之减小，从而直升机性能、操纵性变差。

2）直升机的最大飞行速度也会随飞行高度的增加而降低，其表速随空气密度和温度的变化而变化。

3）风速会随海拔高度的增加而增大。在摩擦层以下，风向变化较大；在摩擦层以上，风随高度的变化较有规律。飞行中应注意掌握气流的变化规律，本节第3条对山区气流进行着重分析。

4）随着飞行高度的升高，大气温度逐渐降低，一定高度后，导致直升机结冰的危险性增加，尤其在靠近云底和湿度大的空气中飞行时。

2. 山区地形

1）山区飞行时外界参照物较为相似且难以辨认，着陆场地较为复杂。为保证飞行安全，应加强对外观察。

2）山区飞行选择着陆场地较难，这是因为着陆场地通常处于侧向或纵向的山坡上，这些场地与直升机场相比既不平坦，也不规则。在这种场地起降时易发生动态翻滚、地面共振，请参考本咨询通告4.2和4.3中的内容。

3. 山区气流

研究资料表明，气流的影响容易使直升机进入危险状态，而此时飞行员误以为是操纵原因，往往会出现反向修正，从而加剧了危险。因此了解山区气流的特点，对保证山区安全飞行极为有利。

1）地表附近的气流层在受风力和地形影响时极易发生变化，气流在流经障碍物时，其中的一部分被扰动就会产生移动的空气旋涡和湍流。

2）在收缩状的山谷或山口附近，则会产生文氏效应。其表现是加快气体流动，使空气静压减小，导致高度表的指数偏大。

3）障碍物的迎风面处于一个相对平静的上升气流带，背风面则处于下降气流带，而且还可能存在湍流和滚筒状气流。风力越强，则乱流越强，扩散范围越广。

4）气流通过单座山脉，当山坡规则而平缓时，上升气流较平缓；气流通过山顶后则变为下降气流；当气流经过山势陡峭、山脊突出的山脉时，其流动趋势基本不变，但在凹地会产生强烈乱流。

5）气流在群山地形中运动，当风与山脊的交角近于直角时，山越陡峭且风速又大时，乱流不但很强，而且厚度和宽度还相应增大，往往会产生一系列滚筒状气流。

6）在山区，有日照地区和无日照地区之间的气流变化反差十分明显，相邻地段上的地表性质差别越大，产生的扰动气流就越大；低层空中扰动气流的强度都有明显的日变化，午后上升气流达到最大强度。

7）山区气流情况比较复杂，其影响因素较多，变化快且很难预报。山区气流变化所产生的乱流、强下降气流以及风切变等成为危及飞行安全的主要因素。

4. 气象条件

对山区飞行影响较大的天气现象有雾、降水、低云、地形雷暴等。

1）山区多出现辐射雾，它的特点是：生成快、消散快，多发生在秋冬季节的夜间和清晨，随着太阳升起温度升高而消失；区域明显，水平范围小。当高空逆温层存在且风力微弱，会使这种雾持续时间较长。山区里的雾具有一定的隐蔽性，直升机低空突遇时会危及飞行安全。

2）山地降水与平原相比既强烈又充沛，降水分布不均。当锋面气旋等天气系统移向山地时，由于地形抬升作用，使其中上升运动加强，相应降水也会增强。夏季山区多对流，易形成地形雷暴，阴晴不定，天气多变。

3）低云对山区飞行的影响不容忽视。山区地形特点、气流变化决定山区低云复杂多变，难以预报。尤其是出现在山谷中的低云，由于山脉的遮挡很难被雷达等探测设备探测到，飞行中也难以发现。历史上出现的多起直升机撞山事故，大多与误入低云或雾有关。

6.2.2 山区飞行注意事项

直升机在山区飞行受到高度、地形、气流以及天气的影响，在山区执行飞行任务时，除参照本咨询通告

5.5 的内容外，请参考以下安全建议：

1. 实施作业前确定山区的海拔高度，研究作业区域的地形、山脉走向、常出现的天气现象，来评估影响飞行的因素及其严重程度。

2. 尽可能保持经济速度飞行以获得最大剩余功率。

3. 尽量避开乱流较强的时段实施飞行作业。

4. 进入山谷前，上升高度来观察飞行区域内可能出现的雾、低云、降雨等危险天气并判断飞行区域的风向风速。

5. 尽量避开降雨区，降雨不但会使能见度降低影响飞行员对外观察，而且很有可能进入突如其来的低云而失去参照。

6. 避开能预见到的危险地带，如在山的背风坡观察到荚状云或滚筒状云时，下降气流和乱流较强，应避开此区域。

7. 飞过山脊后不要立即下降高度，防止遭遇较强的下降气流而失去控制；飞出山谷后不要过早转弯，防止进入因山谷地形而形成的涡旋气流中。

8. 时刻警惕因乱流、湍流影响可能出现的丧失尾桨效应（LTE）而发生的意外偏转或涡环，具体解释见本咨询通告 4.4 或 4.5 中的内容。

9. 对于不熟悉丘陵和山地飞行的驾驶员，初始实施作业时，建议采用双人制机组。

这里要着重强调的是，本节对山区飞行的研究，虽然可使我们对山区飞行中不利的危险因素有所了解和认识，但并不能完全反映出飞行中可能遇到的情况。因此，飞行员应有充分的认识和准备，飞行中保持高度警惕并谨慎操作。

6.3 人口稠密地区及其以外区域飞行

根据 CCAR-91 部 B 章第 91.119 条的规定，除起飞或着陆需要外，任何人不得在低于以下高度上运行：

1. 在任何地方应当保持一个合适的高度，在这个高度上，当直升机动力装置失效时，可以实施紧急着陆并且不会对地面人员或财产造成危害。

2. 在人口稠密区、集镇或居住区的上空或者任何露天公众集会上空，航空器的高度不得低于在其 600 米（2000 英尺）水平半径范围内的最高障碍物以上 300 米（1000 英尺）。

3. 在人口稠密区以外地区的上空，航空器不得低于离地高度 150 米（500 英尺）。但是，在开阔水面或人口稀少区的上空不受上述限制，在这些情况下，直升机不得接近任何人员、船舶、车辆或建筑物至 150 米（500 英尺）以内。

4. 在对地面人员或财产不造成危险的情况下，直升机可在低于本节 2 或 3 条规定的高度上运行，但需得到相关管制区域的许可。此外，直升机还应当遵守局方为直升机专门规定的航线或高度。

6.4 水面上空飞行

执行水面上空飞行任务的直升机，应急和救生设备应符合 CCAR-91 部 E 章第 91.419 条中的规定，按 135 部运行的运营人应急设备还需满足 CCAR-135 部 C 章第 135.175 中的要求，执行水上平台飞行任务的直升机应按照 CCAR-135 部附件 E 中的要求运行。另外，除满足规章的要求外，运行时请参考以下安全建议：

1. 建议机组成员接受"水下逃生培训"。

2. 尽量避免在低于该机型旋翼直径以下的高度上悬停。如任务需要，机组应分工明确并设定好无线电高度表（如安装）在一个高度值，一旦低于此高度会提醒机组；在水面上空做低于旋翼直径以下的高度悬停飞行时，下洗气流会将水卷起到直升机风挡玻璃上，短时间内可能会使飞行员失去目视参照。

3. 天空和水面周围的山、建筑物等会倒影在清澈且平静的水面上，这种现象易造成飞行员视觉上的判断错误，因此在这种水面上空低高度飞行时避免做突然的机动动作、大坡度盘旋等。

4. 在沿江河低空飞行时，特别注意横跨江河的高压电线，因背景环境是水面而不易被发现，可以先找到江河两岸的线塔，通过线塔来判断电线的走向。

5. 在一些温差较大地区的内陆湖泊上空飞行时，特别注意湖面上空形成的平流雾和蒸汽雾，一旦进入雾区立刻上升到安全高度。

6. 建议尽可能保持真高不低于 500 英尺，尽量避免低于 200 英尺以下的水面上空飞行。

6.5 搜救飞行

6.5.1 概述

使用直升机对遇险航空器和海上船只、发生事故的陆上交通工具、突发性以及灾难性的事件开展搜寻和紧急救援在国内越来越广泛。直升机受地域限制小、快捷等特点使搜救效率更高。目前我国有专业的搜寻救援单位，配备有多架直升机、专业设备和经过培训的专业人员，主要担负海上船只遇险以及突发事件的救援。另有一些非专业从事搜救工作的直升机公司，也担负搜救的职责。搜救飞行专业性较强且难度较高，实施救援时常用到外载荷，参与搜救飞行的直升机运营人除满足 CCAR-91 部 N 章中的要求外，建议参考以下提到的安全建议。

6.5.2 飞行前准备

搜救飞行时需要用到一些特种设备以及特殊的联络信号，飞行员除做好正常飞行准备外，还应确保搜救所需设备正常并能熟练掌握使用方法以及联络信号表达的含义。

1. 依据 ICAO 附件 12 的要求以及实际搜救的经验，建议参与搜救的直升机具有以下设备：

1) 配备有能迅速找到事故现场，并在现场能提供救援的设备：卫星导航、外载荷设备（吊挂、绞车）、担架等。

2) 搜救航空器装备可靠的通信设备：HF、VHF（AM、FM）、UHF等。

3) 除非已知不需要向幸存者空投供应品，否则至少有一架参与搜救的航空器应携带可以空投的救生用品。

4) 如有可能携带能为遇险人员做简单医疗处理的设备，如任务需要还可携带专业医疗设备和专业医护人员。

5) 参与海上搜救的直升机其自身设备还需满足 CCAR–91 部 E 章第 413、415、417、419 条中规定的应急设备的要求。

2. 参与搜救人员应了解应急通信频率、目视联络信号，以便与遇险航空器、船只以及遇险人员建立联系。

1) 通信联络。

（1）参与搜救的航空器之间与遇险航空器之间使用航空紧急频率 VHF AM 121.5MHz 和 UHF 243MHz 进行通信联络，或使用拟定已知的通信频率。

（2）参与海上搜救的航空器与"国家海上搜寻援救组织"之间通信联络，使用海上遇险频率 HF 2182KHz。

（3）参与海上搜救的航空器与搜救船舶和海上遇险船舶之间的通信联络，使用 HF 2182KHz、4125KHz 和海上应急频率 VHF FM 156.8MHz。

2）目视联络信号。

（1）航空器与水上船舶的联络信号，航空器依次执行下列动作，表示希望引导该船舶前往遇险的航空器或船舶地点：

①环绕船舶飞行至少一周。

②在仅靠船舶前方低空穿越其计划的航线并采取恰当的方式，以便进一步引起该船舶的注意。

③向欲引导船只航行的方向飞行。

注：重复上述动作表示相同意义。

（2）船舶可用下述方法，确认收到航空器发出的信号：

①悬挂信号旗（红白竖条）并升至顶端（表示明白）。

②用信号灯发出一系列摩尔斯电码"T"的信号。

③改变航向跟随该航空器。

（3）船舶可用下述方法，表示不能执行收到航空器发出的信号：

①悬挂国际信号旗 N（交错的蓝白方格）。

②用信号灯发出一系列摩尔斯电码"N"的信号。

（4）遇险人员使用的地对空信号：

意义	信号
需要援助	V
需要医药援助	X
否	N
是	Y
向此方向前进	↑

（5）搜寻救援工作组使用的地对空信号：

意义	信号
搜寻救援任务已结束	LLL
已找到全部人员	LL
只找到几个人员	++
不能继续搜寻，正在返回	XX
收到在此方向的信息	→→
已分成两组，各组按箭头方向前进	⇄
未发现，将继续搜寻	NN

注：上述符号至少必须长 2.5 米（8 英尺），并尽可能使之醒目。

（6）航空器使用的空对地信号，采用以下措施表示明白地面信号：

①昼间摇摆机翼（直升机采取适当的方式）。

②夜间开关着陆灯两次。如无着陆等设备，则开

关航行灯两次。

注： 无上述信号表示不明白地面信号。

（7）当需要向遇险人员空投救生物品时，救生物品采用下列颜色标注：

物品名称	颜色
药物和急救物品	红
食品和水	蓝
防护服和毯子	黄

注1： 一个容器或包装内装有上述多种物品时为混色。

注2： 每个容器或包装内，应标有汉、英和另选一种语言的救生物品使用说明。

6.5.3 搜救方法

参与搜救的直升机驾驶员掌握以下搜救方法可较快找到遇险航空器、船只和遇险者，为实施救援赢得时间和最佳时机。

1.对于明确知道遇险航空器、船只和遇险者具体位置的，可使用机上卫星导航系统精确定位，以最快速度直飞遇险区域。

2.在已知遇险航空器、船只和遇险者带有定位信标时使用无线电搜索。可利用机上无线电设备，守听应急频率；还可使用机载设备追踪定位信标。

3.对于具体位置不明确的遇险航空器、船只和遇险者，可采用以下搜寻方法：

1）扇形搜索。用于当拥有一个准确基准点时，可以围绕该点进行集中搜索。

2）扩展搜索。用于基准点不明确或已过时的区域。

3）平行搜索。适用于较大区域的均衡搜索。

4）轨迹搜索。用于当没有基准点，但知道搜索对象最后可能的活动路线时的搜索。

4. 当截获到遇险信号或目视遇险航空器、船只和遇险者后，驾驶员应：

1）确认所发出的遇险信号。

2）记录该遇险航空器、船只和遇险者的位置。

3）测定发出信号的方位。

4）向有关救援协调中心或空中交通管制部门报告遇险信号和位置并提供所有可能提供的情报。

6.5.4 搜救时的注意事项

搜救飞行具有临时性、紧急性，搜索和救援的区域对机组来说都是陌生的飞行区域，因此机组进行飞行准备及实施飞行时请参考本咨询通告5.5中的内容。实施救援时，涉及外载荷作业的请参考本咨询通告6.1中的安全注意事项。除此之外，机组还应参考以下安全建议：

1. 如可能，搜索时尽量采取合适的较高高度飞行，这样有利于较早与遇险航空器、船只以及遇险者建立无线电联络；更容易截获到定位信标的信号；扩大了目视搜索范围，更容易发现遇险者。

2. 到达遇险区域上空时，不要急于实施救援。先低空盘旋侦查遇险区域的环境以及周边障碍物情况、判断风向风速、选择可降落的区域或绞车作业区域，然后评估救援的可行性并协调救援方法。

1）若区域足够，降落来营救遇险者会更安全。但需要注意的是由于人在紧急情况下的求生欲望强烈，遇险者又未受过乘机安全知识培训，不了解直升机的旋翼和尾桨的危险性，因此机组要组织遇险者有序登机，防止因组织不利造成人员二次伤害以及直升机的损伤。

2）若使用绞车营救遇险者，情况允许时下到地面的救生员应与遇险者简短协调，告知吊运过程中及登机后的注意事项，防止吊运过程中发生意外事故。

3. 实施绞车吊运前，建议机组悬停在一个合适的高度，对直升机的功率进行检查，确保有足够剩余功率。

4. 作业区域小且障碍物多以及天气情况复杂时，实施吊运前，建议机组先做一次模拟吊运，测试驾驶员能否在一定时间内保持稳定悬停、绞车手能否完全控制设备以及机组之间的配合是否流畅。

5. 在海上实施救援时，由于海面广阔且参照物较少或海上参照物随风和洋流移动而造成的视觉误差，以及长时间注视海面造成的视觉疲劳，导致保持精确的悬停高度和位置比较困难，不利于绞车救援。建议驾驶员视线在外界和内部仪表之间扫视，保持高度和位置。

6. 在实施绞车吊运期间，绞车设备出现不正常情况的处置方法如下：

1）绞车钢索缠绕外界障碍物。绞车手指挥直升机保持稳定悬停，同时将钢索逐渐放出，并设法解开，必要时切断钢索。

2）绞车失去控制。分为两种情况：一是绞车失去控制的快速上升，如绞车上有遇险者，当绞车上升到舱门口时将遇险者拖进座舱，关闭绞车电源；二是绞车失去控制的快速下降，此种情况比较紧急，需要绞车手发出急切口令"向上、向上"，当驾驶员听到此口令时，迅速上提总距，保证绞车上的人员不会因绞车失控而受到撞击伤害。

3）绞车卡滞。若绞车上有遇险人员，先将遇险者放到安全的位置，人工收回钢索，终止任务。

4）机组间的内部通话故障。可以通过预先拟定好的手势完成本次操作，收回钢索，终止任务。

5）驾驶员失去外界参照。这对保持稳定悬停非常困难，易造成绞车上的人员碰撞周围障碍物以及绞车与障碍物缠绕。当失去参照时，发出"失去参照、失去参照"的口令，同时尽量保持当时的位置和高度，等待绞车手的指令。绞车手则引导驾驶员回到重新建立目视参照的位置。

本节内容依据 CCAR-91、ICAO 附件 12 以及飞行中的实际经验进行编写，但仍不能将搜救飞行中可能出现的问题概括全面，所以机组在实施作业时应认真准备、谨慎操作，才能更好地保证安全。

7. 生效日期

本咨询通告自下发之日起生效。